PROJET DE FERME RÉGIONALE

ET ESSAI

D'ENDIGUEMENT DE LA DURANCE

A VILLELAURE

PAR

ELZEAR PIN

représentant du peuple (Vaucluse)

PARIS

IMPRIMERIE D'A. RENÉ ET Ce

RUE DE SEINE, 32.

1848

PROJET

DE FERME RÉGIONALE

ET ESSAI

D'ENDIGUEMENT DE LA DURANCE.

PROJET DE FERME RÉGIONALE

ET ESSAI

D'ENDIGUEMENT DE LA DURANCE

A VILLELAURE

PAR

ELZEAR PIN

Représentant du peuple (Vaucluse).

PARIS

IMPRIMERIE D'A. RENÉ ET Cᵉ,

RUE DE SEINE, 32.

1848

FERME RÉGIONALE

ET ESSAI

D'ENDIGUEMENT DE LA DURANCE.

La question politique, sans doute, préoccupe bien vivement les esprits, mais pas assez pourtant pour étouffer la question agricole. Pourquoi? C'est que la question agricole est surtout une question politique. Toute la situation se résume dans un mot : le travail, non le travail stérile, mais le travail efficace et producteur, le travail qui indemnise largement le gouvernement, par des résultats avantageux, du prix du travail lui-même. Après ces grandes questions de crédit et de colonisation qui ont été posées en février, il est difficile que le gouvernement ne fasse pas au moins une tentative, un essai, qui donne la mesure du possible et éclaire l'avenir.

M. le ministre de l'agriculture a pourvu avec intelligence à tout ce qui intéresse l'éducation agricole. Les fermes écoles, les fermes régionales, et surtout l'Institut national agronomique vont être le complément de cette instruction morale et scientifique qui va enfin répandre ses bienfaits sur le peuple.

Mais, comme la question du travail domine tout, l'État

doit enfin entrer dans une voie longtemps préparée et trouver quelques grandes mesures de salut dans ce temps de crise financière. L'éducation agricole ne sera donc que la moins importante des deux questions que je vais traiter en cherchant à leur donner à titre d'essai une application immédiate; la question du travail sera ici la question dominante comme elle l'est dans l'état social.

Le rôle du comité de crédit foncier et d'agriculture a été celui de toute société qui entre dans une voie nouvelle. Il a effrayé des intérêts et irrité des préjugés. Pourtant on aurait le droit d'accuser de stérilité la révolution de février, si elle n'entraînait pas quelque grande mesure dans l'intérêt agricole. Tôt ou tard, et quelles que soient la forme qu'elle revête et les modifications qu'on lui fasse subir, une institution de crédit est inévitable. L'agriculture est la cause première de la richesse du pays. Un gouvernement vraiment intelligent et populaire doit avant tout témoigner sa reconnaissance et son respect à cette science si simple et si grande à la fois, cette mère nourrice des nations, en lui apportant avec empressement tous les remèdes et tous les secours qu'exige la déplorable condition qui la fait languir et végéter. Que la monarchie ait négligé les intérêts de l'agriculture, cela ne nous étonne pas; les monarchies et les aristocraties ne vivent que de l'ignorance et de la misère du peuple. Mais si la République ne la sauvait pas des entraves qui la gênent et de l'usure qui la ronge, il faudrait désespérer de l'avenir d'un pays qui désormais ne peut plus vivre que par elle. Sous la monarchie, l'éducation agricole avait été presque nulle; sous la République, elle doit être la tête du progrès. Voici ce que dit à ce sujet M. le ministre de l'agriculture dans son projet de décret sur l'enseignement agricole (séance du 17 juillet 1848) : « Après le rétablissement de la paix générale, le mouvement agricole « imprimé à l'Allemagne par Thaër et par Schwerz eut en « France, grâce particulièrement à l'illustre Mathieu de « Dombasle, un grand retentissement; quelques tentatives « isolées et particulières eurent lieu. Plus tard, le dernier

« gouvernement, cédant enfin à l'impression du dehors,
« aux insistances de la presse agricole et aux réclamations
« des cultivateurs, se décida à entrer timidement dans
« cette voie. Trois instituts agricoles, Grignon, Grand-Jouan
« et la Saulsaie, reçurent des subventions sur le crédit des
« encouragements à l'agriculture. L'inspection d'agriculture
« et quelques fermes écoles furent fondées ; là se borna l'ac-
« tion fort incomplète du pouvoir déchu ; mais la Républi-
« que, en ouvrant une ère de progrès et de brillant ave-
« nir, devait laisser bien loin ces essais imparfaits. »

Parlerons-nous maintenant des champs que les travailleurs abandonnent pour aller en foule dans les villes ? ce
serait un lieu commun. Tous les économistes ont écrit sur
ces inconvénients ; la pensée de tous les hommes sages les a
signalés.

Mais si l'on a beaucoup parlé des ouvriers qui sont dans
cette condition, on n'a rien dit des fils des petits propriétaires que leurs parents, par un excès d'amour-propre ou
un ridicule orgueil, poussent tous également vers l'étude
du droit ou des lettres. Les jeunes gens de cette catégorie
pullulent dans les villes, et ils deviennent pour la plupart
d'éloquents avocats sans cause ou de grands écrivains sans
éditeurs. L'instruction agricole leur ouvre désormais une
destinée plus modeste, mais mieux faite pour assurer leur
avenir et leur bonheur.

Parlerai-je des matières premières dont le prix baissera
avec avantage pour le producteur ? Voici comment s'ouvre
le projet déjà cité : « En vous parlant des nécessités qui
« nous pressent et des travailleurs qui désertent les champs
« et encombrent les cités ; en vous parlant de l'agriculture,
« des immenses progrès qu'elle réclame et que nous voulons
« déterminer par tous les moyens possibles, nous sommes
« certains de rencontrer parmi vous une sympathie una-
« nime et féconde. Comme nous, vous voulez, en accroissant
« les richesses agricoles, *faire rendre au sol tout ce qu'il peut
« donner, fixer, par une série d'institutions et par un bénéfice
« agrandi, le cultivateur dans les campagnes,* y rappeler la

« population exubérante des villes, et, sans diminuer les
« avantages actuels du producteur, abaisser, autant qu'il se
« pourra, le prix des matières premières, particulièrement
« celui des substances alimentaires les plus indispensables. »

Il s'est passé en France une chose singulière. Depuis Col-
bert, l'industrie a pris un essor prodigieux, et est arrivée de
nos jours à son apogée de grandeur. Tandis qu'elle était
l'objet des préoccupations et des soins constants de tous nos
gouvernants, l'agriculture était de plus en plus négligée. La
finance, malgré beaucoup d'essais malheureux et la banqueroute de l'État, a déployé la plus grande activité, a toujours marché avec l'industrie, l'a constamment aidée de ses
ressources, tandis qu'elle s'éloignait de plus en plus de la
propriété foncière. Enfin, dans ces derniers temps, l'entreprise industrielle ou commerciale trouva toujours des auxi-
liaires et trop souvent des dupes, tandis que la propriété
implorait souvent en vain l'usure elle-même. C'est que les
intérêts sains et moraux de la société ont été négligés au
profit de spéculations hasardées et des chances de l'agio-
tage, qui trop souvent tournent au profit des gouvernants
eux-mêmes, soit qu'ils s'en servent comme d'un moyen ou
comme d'un but. Qu'est-il résulté de tout cela? C'est que la
banque, et tous les intérêts qui s'y rattachent ont grandi
outre mesure et sont arrivés à faire la loi aux nations ; c'est
que très-récemment elle a dompté l'idée nouvelle qui devait emporter une partie de ses priviléges. Mais bientôt par
la force même des choses l'idée éclatera sous cette force de
compression, et, se dégageant de tous les obstacles, viendra
se poser au sommet de l'échelle sociale du progrès. Qu'a
répondu M. Thiers au rapport de M. Flandin? Ce qui est est
bien, ne cherchez pas mieux, vous ne le trouveriez pas. Ne
dérangez rien à l'équilibre existant, ou tout va s'écrouler
autour de vous. Quelques lieux communs ont rehaussé la
valeur de ces arguments, et l'admiration de la droite n'a pas
eu de bornes, comme son dévouement au *statu quo* est sans
limite. Le rôle du gouvernement dans cette circonstance a
été timide. Il n'a pas osé soutenir une réforme qui l'aurait

honoré, et a cédé devant l'égoïsme, comme d'autres cèdent
devant la peur. Espérons pourtant qu'il ne renonce pas à
faire triompher un autre système de crédit, et qu'il com-
prendra enfin que c'est sauver le pays que de sauver la propriété.

Les monarchies, disons-nous, n'ont presque rien fait pour
le progrès agricole. L'Empire, fidèle à cette tradition, négli-
gea l'agriculture, et son enseignement fut oublié dans la
réorganisation de l'instruction publique en 1808. La République, tant l'agriculture frappe avant tout l'attention d'un
gouvernement démocratique, fut loin de professer pour elle
la même indifférence, même au milieu des graves événements qui se succédèrent pendant sa trop courte période.
M. Richard, dans son rapport sur le projet de décret du
ministre de l'agriculture, mentionne sagement ce fait.
« Nous devons, dit-il, rendre justice aux bonnes intentions
« de la première Assemblée nationale, de la Convention et
« du Directoire. Si l'agriculture, alors, ne reçut pas, comme
« les autres industries, les bienfaits des sciences, c'est que
« les événements si extraordinaires de cette époque s'op-
« posèrent à la réalisation de l'enseignement agricole, *dont*
« *ces assemblées avaient compris toute l'importance.* La Con-
« vention surtout avait décrété, sur la motion de l'abbé
« Grégoire, qui siégeait parmi ses membres, que plusieurs
« domaines nationaux seraient convertis en écoles expéri-
« mentales d'agriculture. En 1793, elle fonda au Jardin des
« Plantes, qu'elle avait réorganisé, des chaires d'économie
« rurale et de culture pratique.
« Elle favorisait en même temps dans ce magnifique
« établissement, et à l'école d'économie rurale et vétéri-
« naire d'Alfort, les expériences du célèbre naturaliste Dau-
« benton sur le perfectionnement des mérinos. Elle donna
« l'ordre à l'Institut national de choisir tous les ans vingt
« citoyens instruits sur les sciences agricoles, pour faire des
« voyages agronomiques et étudier les moyens de faire
« progresser l'agriculture. Cet ordre est resté dans le ré-
« glement de l'Institut. »

Bientôt la Société centrale d'agriculture était instituée par François de Neufchâteau, chargé de présenter un rapport sur l'instruction agricole et les moyens de la répandre. Bientôt il demandait que la science agricole vînt se joindre à toutes celles qui étaient déjà enseignées dans l'instruction publique. Bientôt enfin il proposait la création de chaires d'économie rurale dans toutes les facultés, la création immédiate de trois écoles supérieures d'agriculture, et de diverses fermes modèles dont, selon l'auteur du rapport, Duhamel avait signalé la nécessité quarante ans avant.

C'est qu'en effet la science agricole prenait date de la fondation de l'ère de Liberté, d'Égalité et de Fraternité, et qu'il n'est pas possible qu'une République existe si elle ne prend pas l'agriculture pour la base de sa science sociale; maintenant c'est à nous de réaliser ce que nos pères ont noblement tenté. Sous un gouvernement démocratique, l'instrument du travailleur doit être à la fois le levier qui soulève les forces vives et salutaires d'une nation, et le sceptre qui dompte ses idées folles et ses passions brutales.

Tous les gouvernements de la France ont eu en vue dans leurs projets la prospérité des habitants des villes. C'est ce qui explique l'émigration des campagnes, ce qui donne à ce mouvement un sens simple et logique. En favorisant ces émigrations, la monarchie avait pour but de détruire la féodalité; un gouvernement républicain, au contraire, doit enrichir nos campagnes et augmenter, autant qu'il se peut, la masse des subsistances. Il doit repeupler les campagnes en leur versant le trop plein des villes, en offrant aux ouvriers sans travail l'asile et les labeurs qu'ils n'auraient jamais dû abandonner.

Voici à ce sujet un extrait de la circulaire que le ministre de l'agriculture et du commerce adressait aux préfets des départements le 6 juillet 1848 : « Combattre la force d'attraction qu'exercent les villes sur les campagnes, régulariser le mouvement irréfléchi qui enlève à l'industrie agricole et livre à l'industrie manufacturière des forces dont

« l'exubérance, à un moment donné, se traduit en crises
« financières et en collisions sanglantes ; diriger vers cha-
« que nature de travail la somme proportionnelle d'activité
« que comporte son importance, au double point de vue du
« bien de tous et de l'amélioration de chacun : tel est,
« citoyen préfet, le but que se propose mon département
« et auquel vous êtes appelé à concourir. Les mesures lé-
« gislatives et administratives combinées pour relever de
« plus en plus l'honneur du travail agricole, pour garantir
« le bien-être et la dignité des travailleurs de la campagne,
« pour ramener ou conserver à des travaux essentiellement
« moralisateurs, à une existence également éloignée du
« danger des jouissances factices et des extrémités de la
« misère, le superflu de la population industrielle, sont et
« seront l'objet de nos préoccupations incessantes. »

L'agriculture, fécondée par la science, éclairée par un
vaste et puissant système d'enseignement professionnel,
attirera enfin le capital et arrivera ainsi à des améliorations qu'il n'appartient qu'à lui de réaliser.

L'éducation agricole est une des premières pensées que notre gouvernement devait chercher à mettre en pratique. Déjà
le bénéfice de l'instruction primaire s'étend sans distinction
sur tous les enfants de la France. Quoi de plus juste que
le principe de la loi de juin 1833 ? Sans doute, la société
doit l'éducation première à chacun de ses membres, et la
loi sur l'instruction primaire destinée à moraliser et à per-
fectionner l'individu est inattaquable dans son principe et
féconde en grands résultats. Mais l'instruction première,
sans l'instruction professionnelle, n'est presque rien, et l'instruction professionnelle n'a pas de plus importante subdivi-
sion que l'éducation agricole.

Enfin, cette éducation est le plus sûr et le plus salutaire
remède contre l'envahissement du paupérisme. Chaque jour
celui-ci s'augmente et s'étend ; chaque jour il devient plus
menaçant pour la société (1). Aujourd'hui il implore, de-

____

(1) La France compte 15 mendiants connus sur 100 habitants.

main il pourrait commander; ne l'attendons pas, prévenons-le. Sous quelque forme que se cache l'aumône, elle ne satisfait jamais la main qui la reçoit. Elle est un poids bien humiliant pour l'ouvrier pauvre et souvent un éternel contrat avec la paresse. Que l'âme et le corps de l'homme soient à l'abri des vices de l'oisiveté et des plaies de la misère. Le temps est passé où un peuple avili venait recevoir avidement les restes d'un repas à la porte d'un monastère. Ne nous contentons pas de la charité chrétienne, inventons le travail chrétien.

Un des côtés les plus saillants de l'éducation professionnelle, et qui doit séduire toutes les intelligences, c'est la variété qui préside à la distribution des heures de chaque jour. Quand le travail de l'esprit fatigue l'élève, le travail du corps commence. Après le travail classique le travail manuel. Il est pourtant nécessaire de faire comprendre ici la transition entre la charité chrétienne et le travail chrétien dont nous parlions tout à l'heure. D'abord, signalons les asiles agricoles de la Suisse (1) et les bienfaits qu'ils ont répandus dans cette République. Un établissement modèle (2), et

(1) Les asiles agricoles de la Suisse doivent être rappelés ici avec les noms de leurs fondateurs : J. H. Pestalozzi, Fellenberg, Wehrli.

(2) Comme établissement d'instruction professionnelle, le plus remarquable est celui qui a été fondé à Paris par l'abbé Bervanger, et qui est connu sous le nom de l'OEuvre de Saint-Nicolas. C'est à la fois une école d'instruction élémentaire et un véritable institut industriel. On enseigne aux enfants la lecture, l'écriture, la grammaire, l'histoire, la géographie, le dessin linéaire, la tenue des livres. On les exerce aux jeux de la gymnastique, qui développent les forces du corps et reposent du travail de l'esprit; une large part est accordée à l'enseignement de la musique, car le fondateur a compris l'heureuse influence que l'art pouvait exercer sur ces jeunes élèves, non seulement pendant leur séjour dans l'établissement, mais encore après leur sortie. A cette instruction se joint l'enseignement professionnel; les enfants passent tour à tour des salles d'études dans les ateliers; là on les initie, sous la direction de maîtres habiles, à tous les détails des métiers d'où ils tireront un jour leurs moyens d'existence. Il y a des ateliers de ciseleurs, de bijoutiers, de graveurs, de dessinateurs sur étoffes, de peintres sur porcelaine, d'ébénistes, de tabletiers, de mécaniciens; les principales branches de l'industrie parisienne y sont représentées. Vingt-cinq métiers différents sont en activité continuelle, et les enfants font leur apprentissage en même temps qu'ils reçoivent l'instruction primaire. Ce n'est pas tout : ces

sur les fondements duquel l'Etat pourra plus tard se baser pour fonder diverses écoles primaires professionnelles, est celui de l'œuvre de Saint-Nicolas. Il renferme dans plusieurs de ses développements l'élément des plus belles institutions professionnelles.

Espérons qu'après que le gouvernement aura fondé les écoles modèles et les écoles supérieures d'agriculture, il fondera également des ateliers modèles pour tous les genres de travaux et toutes les variétés de professions (1).

Mais les soins du gouvernement se borneront-ils à propager l'éducation agricole, et ne fera-t-il rien pour créer immédiatement dans nos campagnes quelque grand centre de travail? Les bienfaits de l'éducation ne peuvent porter leurs fruits que pour l'avenir, et le présent réclame impérieusement de grandes et de salutaires mesures promptement réalisées. La France malgré sa fertilité ne suffit pas à nourrir ses habitants. Quels sont les véritables fondements de la prospérité d'une nation? l'agriculture et le commerce. Mais qui pourrait nier que le commerce ne dépende absolument de l'agriculture? Quand l'agriculture est négligée, les sources du commerce tarissent bientôt, et la misère est au bout. Jusqu'en 1848, les ministres de l'agriculture étaient par leur spécialité plutôt les ministres du commerce. Comment cette administration aurait-elle pu prospérer sous un chef qui en ignorait les premiers éléments? Aujourd'hui que l'administration de l'agriculture est dignement et consciencieusement dirigée, n'avons-nous pas le droit de demander

jeunes apprentis couvrent eux-mêmes une partie des frais de leur entretien; ils font eux-mêmes leur pain, leurs habits, leurs chaussures, vivant ainsi, autant que possible, de leur propre travail. C'est à l'aide de ce système d'éducation productive qu'on est parvenu à donner aux enfants du pauvre, dans le même temps, dans le même lieu, aux moindres frais possibles, l'instruction élémentaire et l'enseignement professionnel.

(1) Il nous paraît très-important que quelques fermes modèles spéciales soient fondées pour les femmes de la campagne. Dans une science comme celle de l'agriculture, rien n'est à négliger, et les travaux des femmes ont aussi leur importance. Dans les départements du midi ces établissements sont indispensables pour les initier à l'art séricicole.

la solution d'idées qui ne sont plus un problème? Maintenant ou jamais ces idées doivent se traduire en faits. L'accroissement rapide de la population appelle l'application des saines théories agricoles de notre économie politique. Il faut, par un constant accroissement des substances alimentaires, suffire enfin à la consommation publique, et que, dans certaines régions de la France, le pain ne soit plus pour le pauvre un objet de luxe. Pour la nutrition de ses habitants, la France n'est-elle pas tributaire des pays étrangers? Un énorme capital n'est-il pas nécessaire dans les années de mauvaises récoltes pour rétablir l'équilibre entre la production et la consommation? et en serait-il ainsi si on faisait rendre à la terre tout ce qu'elle peut donner? Combien n'existe-t-il pas de terrains que l'on pourrait utiliser d'ici à très-peu de temps? Par le travail on pourrait fonder immédiatement les bases de notre richesse future.

Pourtant rendons grâce au gouvernement de ce qu'il a fait déjà, tout en espérant qu'il fera plus encore. Entre celui qui ne possède pas et celui qui possède une guerre sourde est aujourd'hui déclarée. Dans la voie des améliorations et des réformes sociales sachons prudemment et sagement nous engager. D'après le programme de février, le peuple avait le droit d'attendre beaucoup ; que tout espoir ne lui soit pas interdit. Le gouvernement semble s'être préoccupé de cette pensée et s'être souvenu que son premier devoir était de mettre l'homme en possession de la terre, quand il le pouvait, sans nuire à son semblable, en lui imposant pour condition de la travailler. Il s'est souvenu de ces paroles de la Genèse : *Ut operaretur terram.* De là est né le projet de colonisation de l'Algérie. A l'accroissement du paupérisme, à l'exubérance des populations, à l'engorgement des villes manufacturières, il vient opposer ces deux mots : Expansion, colonisation.

Qu'avait fait la France jusqu'à ce jour pour utiliser la conquête de l'Afrique, au point de vue de la solution des questions agricoles et colonisatrices? Le dernier gouvernement a dépensé chaque année cent millions en Afrique, sans obtenir aucun résultat utile à l'agriculture. Les divers essais que l'on a pu faire ont été bien loin de compenser d'immenses sacrifices en hommes et en argent. C'est le bien du pauvre et non la gloire du soldat qu'il faudrait conquérir désormais sur cette terre. Sans la colonisation, la possession d'Afrique aurait toujours été précaire. Elle est maintenant assurée à la France, car ce que nos armes n'auraient pu faire, la colonisation le fera.

Mais tous les travailleurs ne peuvent quitter la patrie mère, et il faut que son sein puisse nourrir tous ses enfants. L'ordre, la paix, le développement progressif de nos institutions sont à ce prix. Car, que répondrez-vous au malheureux quand il vous dira que chez lui le désespoir est né de la faim? Préoccupé de cette pensée, nous avons cherché si quelques parties de la France ne pourraient point offrir au travailleur, non pas ce travail stérile qui est pour celui qui l'opère une aumône déguisée et pour l'État qui le commande un chemin à la banqueroute, mais le travail sérieux, le travail producteur, celui qui féconde son salaire et rend au centuple le prix qu'il a reçu. Après quelques recherches suivies d'un mûr examen, nous avons reconnu que le projet dont suit le développement, surtout s'il trouvait des imitations, pourrait satisfaire à quelques exigences du moment critique où nous nous trouvons.

M. le ministre de l'agriculture et du commerce a déjà donné de sérieuses garanties à la noble cause de l'éducation et du travail agricole. Nous lui recommandons le projet que nous avons l'honneur de lui soumettre, persuadé qu'il y trouvera les germes d'institutions fécondes pour l'avenir.

Avant toute chose, il est une question qu'il faut résoudre. Sur quel terrain le travail agricole doit-il s'exercer de pré-

férence dans l'intérêt des finances de l'État? Quelle est la
manière la plus féconde de l'exploiter et d'en obtenir de
salutaires résultats? Et ici l'occasion s'offre naturellement
de toucher la question des défrichements. Les défrichements auxquels on a d'abord pensé pour étendre la culture
et réaliser le travail ne peuvent amener aucune consé-
quence utile, parce que les bénéfices qu'on en peut tirer
dans l'avenir ne peuvent compenser les premiers frais d'exploitation. Les défrichements ne se font, dans la plus grande
partie de notre territoire, qu'au moyen de charrues atte-
lées d'un grand nombre de bœufs, et tout temps n'est pas
propice pour procéder à ce genre de travail. L'écobuage ne
peut s'y faire en toute saison, et les terrains incultes exha-
lent, pour la plupart, des émanations qui sont un véritable
danger pour la santé du travailleur. On voit par là que les
défrichements ne peuvent occuper qu'un petit nombre de
bras, et que les charges de l'exploitation sont si considérables que l'économie agricole, sagement calculée, ne peut
leur trouver dans l'avenir une équitable compensation.
Toutes les supputations que l'on peut faire sur les produits,
au bout d'un certain nombre d'années, des défrichements
exploités par des colonies agricoles, sont plus ou moins er-
ronées en ce qu'elles n'ont pour base que des données théo-
riques plus ou moins hasardées. Selon le pays, le climat, le
sol et par le fait de circonstances imprévues, les plus habiles
calculs vont s'anéantir. Je prends pour exemple entre plusieurs les frais de création pour une ferme de 20 hectares
évalués dans un article de *la Démocratie pacifique* du lundi
7 août 1848.

Avances à faire par le gouvernement pour la mise en valeur de 20 hectares.

Achat de 20 hectares de landes à 200 fr.	4,000 fr.
Salaire de dix hommes à 1 fr. 50 c. par jour, pour 3 ans.	11,250
Achat de 2 bœufs.	500
Nourriture des bœufs pendant 3 ans.	1,000
Semence de sarrazin et froment.	800
A Reporter.	17,550

Report.	17,550
Instruments et outils.	480
Matériaux de construction.	800
Engrais pulvérulents.	2,400
Plants d'arbres.	270
	21,500 fr.

Recettes et inventaire au bout de trois années.

Sarrazin, 18 h, à l'hect., à 8, égale 144, multiplié par 20.	2,880 fr.
Froment, 20 id., à 17, égale 340, multiplié par 20.	6,800
Valeur des pailles.	1,200
Valeur des bœufs.	500
Valeur des outils.	120
	11,500 fr.

Ainsi, les dépenses étant de 21,500 francs et les recettes de 11,500 francs, chaque ferme de 20 hectares resterait chargée de 10,000 francs de frais de création : en d'autres termes, chaque hectare de terre mise en valeur, constructions comprises, coûterait au gouvernement 500 francs.

Plus bas, l'auteur du projet ajoute : « Ce serait une grande faute, une erreur agricole très-grave, si, par une philanthropie mal entendue, on cherchait à placer des familles tout à fait pauvres dans ces fermes (1). Ces familles, n'ayant plus aucun moyen de marcher, laisseraient partout repousser les bruyères, après avoir profité du couvert et de la nourriture pendant un an ou deux. »

Quel que soit le respect que nous professons pour la science agricole de M. Rieffel, l'habile directeur de la ferme de Grand-Jouan, et quelle que soit la réserve qu'elle nous impose, on peut, ce nous semble, faire à son projet trois graves objections. La première, c'est que, même en approuvant le système des défrichements des terrains incultes, celui de M. J. Rieffel n'est pas suffisant pour réaliser tous les bénéfices économiques d'une large exploitation.

(1) L'auteur du projet parle ici des familles des colons sédentaires qui prendront la place des colons mobiles.

La seconde, c'est qu'il n'est applicable que dans les parties de la France où les journées des travailleurs sont à très-bas prix ; autrement son calcul serait complètement erroné. La troisième, c'est qu'il ne vient que très-indirectement au secours du pauvre, et qu'il l'éloigne même des bénéfices de l'entreprise.

Mais depuis quelque temps les esprits sérieux ont long-temps et mûrement réfléchi sur les divers projets de défrichements des terres incultes, et les inconvénients qu'ils ont signalés sont immenses. Cela est si vrai que le gouvernement a paru renoncer à ce genre d'exploitation. Mais on peut remplacer le système de défrichement des terrains incultes par un système bien plus avantageux, celui de la conquête d'alluvions au moyen d'endiguements sur les fleuves et les rivières. Voilà un système qui offre des ressources véritables, certaines. Voilà le but réel, incontestable du travail agricole dans notre pays. Qui ne sait que les terrains que procurent les défrichements, très-productifs dans les premières années de leur exploitation, tombent bientôt dans un état complet de maigreur et de stérilité, à moins qu'on n'entretienne à grands frais leur fécondité au moyen d'engrais ? Qui ne sait que la plupart des propriétaires qui ont absorbé des capitaux dans ce genre de spéculation ont fini par se dégoûter et par renoncer à ce moyen d'exploitation agricole ? Le terrain d'alluvion conquis sur les rivières est au contraire à la fois gras et léger. Il possède cette triple vertu qui fait que la plante développe plus profondément ses racines, trouve les sucs onctueux de sa nutrition et donne plus de saveur à ses produits. Dans la première année où ces terrains sont appelés à la production, l'excès de vigueur que possèdent les plantes, dû à l'exubérance des sucs nutritifs, nuit souvent à leur végétation ; mais chaque année qui suit voit se développer des récoltes de plus en plus belles. Les céréales, sans y atteindre la perfection que leur donnent les bonnes terres argileuses, y atteignent une qualité supérieure, les plantes légumineuses y acquièrent la plus grande richesse de végétation, et les arbres de toute

19

espèce, dont les racines pivotent et s'étendent avec la plus
grande facilité, y croissent avec deux fois plus de vitesse
que dans tous les autres terrains.

Si les nombreux inconvénients des défrichements des
terres incultes sont aujourd'hui prouvés, et si les avantages qu'offrent les terrains d'alluvion ne sont plus un
doute pour l'agriculteur tant soit peu expérimenté, c'est
donc à ces derniers que doit aboutir la pensée du gouvernement, et ce sont eux qui réclament tout son intérêt.

Le gouvernement doit donc faire quelques essais d'endiguements de rivières qui permettent de réaliser le plan qui
vient d'être exposé. C'est cette profonde conviction qui nous
a engagé à proposer un essai de ce genre sur une partie de
la Durance. Nous nous sommes souvenus d'un vieux pro-
verbe qui dit :

Le parlement et la Durance
Sont les fléaux de la Provence.

Dieu merci, les conquêtes d'alluvion à faire sur les rivières de la France sont nombreuses; et si la Durance nous a
paru la plus convenable pour mettre à exécution un essai de
cette nature, c'est que c'est une de celles dont les alluvions
sont les plus considérables et parce qu'elle traverse une contrée dont le climat doux et salutaire permet le mieux d'occuper les travailleurs pendant la plus grande partie de l'année.
Nous ne mettons pas en doute que l'endiguement complet
de la Durance ne doive s'exécuter un jour; ce sera là un des
travaux les plus glorieux de notre temps. Mais c'est là un
vaste projet; il exige l'étude des plus savants ingénieurs, et
c'est par un essai timide qu'il convient de préluder à cette
gigantesque entreprise. C'est cet essai que nous allons nous
efforcer d'indiquer en signalant dans quelles proportions,
par quels moyens et en quel lieu il doit être tenté. Le projet
général d'endiguement de la Durance doit être la source de
grands résultats, de fécondes richesses (1). Pour en signaler

(1) Le gouvernement devra surtout étudier ce projet général au point de
vue de la navigation.

l'importance à nos lecteurs, qu'il nous suffise de dire que les Juifs et les Jésuites l'avaient conçu. Riquetti, aïeul de Mirabeau, avait aussi projeté ce vaste travail; seuls, l'aveuglement, la routine et l'inexpérience en cette matière des anciens gouvernements avaient pu les empêcher de favoriser cette entreprise. De notre temps, plusieurs ingénieurs d'un grand mérite ont eu la pensée d'exécuter, sinon le projet entier, du moins en partie, et à leur tête nous nous empressons de citer M. de Villeneuve. Ce que les fils de la monarchie n'ont pas osé entreprendre, espérons que les enfants de la République sauront le réaliser. Espérons que lorsque des essais partiels auront fait apprécier les grands résultats du projet, ils seront appliqués, non-seulement à la Durance, mais à toutes les rivières dont les lits constamment variables usurpent de vastes terrains. L'industrie, le commerce, la navigation, toutes les grandes sources de nos richesses y puiseront une nouvelle condition de vie et de nouveaux éléments de prospérité.

Si, dans ce court exposé, nous avons démontré clairement ce qui était dans notre pensée, il en résulte selon nous que le salut de la République repose sur la solution à donner à la question agricole et à ses corollaires, qui sont: un large système de crédit foncier, l'enseignement agricole professionnel et le travail agricole. Le cadre de cette brochure, dont le but est tout spécial, ne comportait ni l'exposition ni la discussion d'aucun système de crédit foncier. L'enseignement agricole professionnel et le travail agricole devaient, au contraire, arrêter un instant notre pensée avant d'entrer dans l'exposition particulière qui va suivre. Nous avons cherché à démontrer d'abord que le manque d'instruction agricole jetait sur le pavé des villes les habitants de la campagne que le sol appelait naturellement à son exploitation, ensuite que le défaut de culture était en grande partie ce qui éloigne de l'industrie rurale les capitaux qui abondent dans l'industrie manufacturière et dans le commerce. Ces vérités, beaucoup de bons esprits les avaient exprimées avant nous; mais ce n'est pas un mal de les répéter dans un temps où les classes aisées de la société sont trop indifférentes en matière de progrès, et où toute nouveauté les effraie.

Maintenant nous allons entrer dans l'objet particulier de la question qui nous occupe ; nous allons présenter, nous l'espérons du moins, l'application immédiate des principes que nous venons d'exposer succinctement. Nous avons grande foi dans les lumières du ministre de l'agriculture, parce que nous savons qu'il joint au désir du bien les connaissances spéciales nécessaires pour le réaliser. Nous plaçons également une grande partie de nos espérances dans le comité d'agriculture, dont les travaux ont approfondi tant d'importantes questions et provoqué des améliorations si utiles au pays, dans ce comité dont nous nous honorons d'être membre et auquel nous regrettons de n'avoir pu apporter notre tribut d'études longues et sérieuses, car pour nous ces études commencent à peine. Nous avons foi surtout dans notre époque, dans ce temps de progrès pacifique qui doit réaliser les espérances de nos pères, et qui doit cimenter, avec tout le sang qui s'est versé depuis soixante années dans nos luttes intestines, l'édifice sacré où le prolétaire doit trouver désormais un abri contre la pauvreté. Car une grande vérité qui devrait être gravée dans tous les esprits, c'est que l'agriculture est à la civilisation ce que la guerre est à la barbarie. Nous avons été trop longtemps barbares, soyons enfin civilisés.

Avant d'aller plus loin, nous devons mentionner les notes suivantes déjà publiées, dont nous garantissons l'exactitude, et qui donnent la description et l'état des lieux que nous avons jugés propres au double établissement d'une ferme régionale et d'une colonie agricole.

La terre de Villelaure et de Janson est située sur les deux rives de la Durance, communes de Pertuis, Villelaure, Cadenet, Ansouis et Puyvert, département de Vaucluse, arrondissement d'Apt, et commune de Saint-Étienne-de-Janson, département des Bouches du Rhône, arrondissement de Lambesc.

Peu de terres sont situées dans une position plus heureuse que celle de Villelaure. Le bassin de la Durance, dans cette partie de la Provence, en est, sans contredit, la plus belle contrée, comme site et comme fertilité. C'est une plaine légèrement inclinée jusqu'à la rivière, ce qui en facilite l'irrigation; elle a environ six mille mètres de largeur sur une longueur de cinq à six lieues, et elle est entourée de montagnes élevées, remarquables par leurs formes pittoresques.

Villelaure est au centre de cette superbe vallée. Le village est au pied de coteaux qui descendent du Luberon, protégé par ces montagnes contre le vent du nord et ayant en face, au midi, toute la plaine. C'est aussi là qu'est l'habitation qu'on appelle le *Château*, qui n'est réellement qu'une maison commodément distribuée.

La terre de Villelaure était, avant la Révolution, une des plus considérables de la Provence. Elle se composait de dix grandes fermes, de sept petites et d'un moulin. La contenance totale était d'environ neuf cents hectares, en y comprenant une montagne boisée et de grandes îles ou terres-gastes, le long de la Durance, non cultivées, mais très-propres à être mises en culture, quand on les aura protégées par quelques ouvrages d'art.

Depuis cette époque, la plupart des grandes propriétés ont été morcelées; celle-ci, au contraire, s'est considérablement accrue par des acquisitions de terres enclavées ou limitrophes, dont le prix d'achat, il y a une dixaine d'années, dépasse 500,000 francs, mais dont la valeur est doublée par l'arrosage qu'elles ne pouvaient tenir que de leur réunion à la terre de Villelaure, traversée d'un bout à l'autre par un canal qui en dépend.

M. de Forbin-Janson, devenu, après la mort de son père, en 1832, possesseur de cet immeuble, a voulu le sortir de l'état stationnaire où il languissait depuis des siècles et y développer les éléments de richesses inhérentes à son climat et à la fertilité de son sol, que l'industrie, unie à une agriculture perfectionnée, devait féconder.

Le nombre des fermes fut plus que doublé. Elles furent garnies d'un cheptel considérable en bêtes de trait, harnais, charrues et instruments aratoires de toute espèce, tirés de Roville et de Grignon. Les profonds labours et les cultures à bras firent, peu à peu, disparaître le chiendent et les plantes parasites. On se procura des engrais pulvérulents. Il en a été mis, depuis quinze ans, pour plus de 500,000 francs dans les terres. Partout le système des assolements a été substitué à la routine des jachères. Des coteaux incul-

tés se couvrirent de vignes ; le nombre des mûriers fut doublé.
Parmi les autres travaux d'amélioration, on citera la construction
d'un grand four à chaux, d'un four à tuiles, d'une machine à battre
le grain, du plus grand modèle, avec manége pour huit chevaux,
celle d'un très-beau moulin à Cadenet, l'élargissement et la pro-
longation du canal de Villelaure, qui traverse aujourd'hui tout le
territoire de Villelaure et celui de Cadenet.

Une construction d'une plus grande importance fut l'érection
d'une fabrique de sucre indigène avec bâtiments d'exploitation
rurale sur la plus grande échelle. Tout semblait présager le plus
grand succès à cet établissement, pour lequel rien n'avait été
épargné ; mais, après plusieurs années d'exploitation, il fallut re-
connaître qu'un fléau attaché à la chaleur de notre climat et à la
rareté des pluies du printemps (l'espèce d'insecte appelé le puce-
ron) rendait impossible la culture en grand de la betterave. Heu-
reureusement l'établissement a été calculé de manière à ce que
l'on puisse facilement l'approprier à d'autres industries, telles que
magnaneries, filatures de soie, minoteries ou toutes autres manu-
factures ayant pour moteur l'eau ou la vapeur. Ces vastes bâtiments et leurs cours couvrent un espace de terrain de deux hectares et demi : tout a été construit avec la plus grande solidité ; le
canal coule à côté et on peut y ménager, en cet endroit, une chute
d'eau de trois mètres, ce qui, en raison de la quantité d'eau, donnerait une force de plus de cent chevaux.

Parmi les différents domaines dont se compose la terre de Villelaure, on doit mentionner celui de Carrier, situé au-dessus du
village, très-près du château. Le principal bâtiment de Carrier
est un ancien château, très-solidement bâti, d'où l'on jouit d'une
très-belle vue. Il renferme les plus belles caves et dépendances
qu'on puisse désirer pour faire un grand établissement vinicole.
Toutes ces caves sont voûtées, parfaitement exposées, et le vin y
acquiert une qualité supérieure. Les côteaux de Villelaure donnent un vin qui ne demande qu'à vieillir pour être au niveau des
premiers crus du Languedoc et de la Provence. Cette branche
d'industrie pourrait, à l'aide d'un pareil local, devenir très-lucra-
tive. Les caves de Carrier sont garnies de cuves, foudres et ton-
neaux. De très-belles sources dépendent de Carrier.

Le sol de la plaine est un alluvion léger et très-fécond. On y
fait sans peine, dans toutes les terres arrosables, deux récoltes
par an, blé et haricots, sans compter la feuille de mûrier, une des
principales richesses du pays. Les cocons y sont d'une qualité

très-recherchée, et l'on sait que les thuselles de cette vallée sont, de tous les blés de France, ceux dont le prix est le plus élevé.

Une particularité des plus heureuses est l'appropriation spéciale de la nature du sol aux deux produits dont le reste de la France et les nations étrangères sont tributaires de la Provence, la garance et le chardon cardiaire. La couleur de la garance est, dans la vallée de la Durance, de la qualité la plus prisée, après celle dite *palud*, qui n'existe que dans un territoire très-resserré, et le chardon, pour sa forme et la dureté des épines, y surpasse celui de toutes les contrées où il avait été cultivé jusqu'ici.

Toutes ces circonstances réunies font aujourd'hui, de la terre de Villelaure et Janson, un domaine unique dans le midi de la France, tant par son étendue que pour la beauté de sa position et la fertilité de son sol (1).

CONTENANCE.

La contenance totale de la terre, sur l'une et l'autre rive de la Durance, est de 1,347 hectares 37 ares, qu'il faut diviser comme il suit :

1° Terres en plaines arrosables	355 »
2° Prés	13 22
3° Jardins	1 07
4° Terres de première qualité, en plaines, non arrosées en ce moment, mais qu'on peut rendre arrosables avec une dépense très-minime	94 »
5° Terres en plaines, sablonneuses, plantées en mûriers	74 40
6° Terres de côteaux, propres à blé et sainfoin	55 81
7° Vignes	59 90
8° Forêt de Janson	157 56
9° Forêt de Puyvert	150 »
10° Bois de Villelaure	32 »
11° Iles de la Durance, boisées en saules et oseraies, du côté de Villelaure	77 30
12° Iles de Saint-Flac, du côté de Janson	269 36
13° Emplacement de maisons, aires, canaux, etc. (2)	10 28
	1,349 34

(1) Une très-belle route traverse le territoire et le village de Villelaure. Un grand nombre de diligences la parcourt journellement.

La population de Villelaure est de 1,200 âmes ; celle de Pertuis, Cadenet et Ansouis, qui n'en sont éloignées que d'une lieue, est, réunie, d'environ 7000 âmes.

(2) *Mesures locales et prix courant des terres dans le pays.* — L'éminée est la mesure générale des terres, celle d'après laquelle on vend ou on a-

Baux actuels. — Revenus nets.

Les terres sont divisées en trente-cinq ou trente-six fermes et arrentées à mégeries. Le revenu des maîtres se compose de la moitié qui leur revient des récoltes, après prélèvement des frais qui pèsent sur eux, tels qu'impositions, frais de garde et de régie, réparations aux fermes, entretien du canal, etc.

L'assolement des fermes est, presque partout, celui-ci : pour les terres en plaine, arrosables, une année blé, une chardon, trois années garance. Souvent une deuxième récolte en haricots après le blé. Les haricots se sèment sur le chaume et se récoltent trois mois après. Quelquefois, au lieu de chardon on cultive, après le blé, la pomme de terre. Outre ces récoltes, la feuille des mûriers, soit qu'on la vende sur l'arbre ou qu'on élève des vers à soie, est un produit très-important de 15 ou 18,000 francs chaque année. Les autres, moins considérables, sont les fourrages, les troupeaux, les vins, les amandes et noix, les bois, les oseraies et pâturages des îles. Enfin les trois moulins de Villelaure, de Cadenet et de Puyvert, arrentés à rente fixe. On en jugera mieux par le tableau ci-annexé des revenus de la terre, pendant les années 1844, 45, 46 et 47, pris sur les livres du comptable.(1)

rente les terres en détail. Il y a huit éminées dans la salmée, qui est un demi-hectare, à une fraction imperceptible près.

Le prix ordinaire des terres en plaine, à l'arrosage, varie, suivant la qualité, de 8 à 500 francs l'éminée. Pour celles qui sont auprès du village, le prix pourrait s'élever à 600 francs. (Toutes les terres autour du village appartiennent à M. Forbin-Janson.)

Le prix des prés varie de 5 à 600 francs l'éminée. Celui des terres de première qualité, en plaine, non arrosées, mais susceptibles de l'être, serait aujourd'hui de 300 francs l'éminée, et monterait à 500 francs dès qu'elles seraient arrosées.

Le prix des vignes, en bon état, varie de 100 à 200 francs l'éminée.

On ne peut faire un prix moyen pour les autres espèces de terres. Le prix dépend des conditions particulières de chaque pièce, mûriers dont elle est complantée, qualité du sol, etc.

(1) La terre est cadastrée en entier. Le propriétaire en possède les plans généraux et les plans parcellaires, sur plusieurs échelles, réunis en atlas.

TABLEAU DES REVENUS DE LA TERRE DE VILLELAURE.

PART DU PROPRIÉTAIRE DANS LE PRODUIT DE LA MÉGERIE :	PRODUIT DES ANNÉES			
	1844.	1845.	1846.	1847.
Céréales.	24,514 10	25,836 26	27,103 03	28,000
Chardons.	3,194 08	8,207 30	4,516	12,800
Garance et graines de garance.	51,848 15	60,021 99	41,699 40	52,800
Feuilles de mûriers et cocons.	15,515	12,948 26	12,844 10	12,885
Produits des troupeaux, laine, agneaux, etc.	4,909 10	6,384 18	4,598 70	4,378
Foins vendus	5,305 79	3,750 07	3,155	2,045
Raisins vendus ou vin.	2,685 72	4,720 26	2,645	2,500
Droits d'arrosage payés par les propriétaires de Villelaure.	1,018	267	800	800
Pommes de terre.	787 72	1,119 65	2,049 70	1,000
Haricots, autres petites récoltes.	1,616 75	809 80	2,353	2,000
Amandes, noix, sarments.	862 80	577 80	866 04	373
Pâturage des îles de Janson.	854	880	822	1,100
Terres arrentées à rentes fixes et rentes de maisons.	4,600	746 40	360	380
Moulins et usines.	8,000	8,828	7,250	7,250
Recettes diverses.	—	—	429 80	600
Revenus de la forêt de Puyvert, 2,000 francs ; de Janson, 2,000 francs.	4,000	4,000	4,000	4,000
NOTA. Les coupes de ces forêts n'étant pas régulières, on prend ici la moyenne.				
Revenu de la terre dite des Cent émines.	2,000	2,000	2,000	2,000
NOTA. Cette terre est une acquisition qui ne date que de l'an dernier. Elle a été cultivée en garance. On en porte le revenu, en moyenne supposée, au prix qu'on l'arrenterait à rente fixe : 20 francs l'émine.				
TOTAUX. Fr.	19,268 21	147,393 96	116,491 36	135,178

FRAIS A DÉDUIRE, IMPOSITIONS :

		1844	1845	1846	1847
Impositions.	Fr. 8,000				
Moitié des engrais pulvérulents mis sur les terres en moyenne	11,586				
Moitié d'achat des graines de garance.	3,058	27,440	27,440	27,440	27,440
Moitié d'achat des graines de vers à soie.	296				
Entretien du canal, en moyenne.	1,000				
Gardes, frais généraux.	3,000				
REVENU NET. Fr.		91,828 21	119,953 96	89,051 36	107,738

En prenant la moyenne de ces quatre années, le revenu serait de... Fr. 102,142 93.

Ce revenu de 102,000 francs, net d'impôt et de frais de régie, est bien loin de celui qu'on doit attendre des produits de la terre lorsqu'elle aura été suffisamment amendée par les bonnes cultures et les engrais successifs. Les résultats, en agriculture, sont lents, mais progressifs. Le calcul suivant, dont les bases sont certaines, donnera une idée du point où huit ou dix ans de bonne administration pourront porter le revenu de la terre.

Une éminée de terre arrosable en plaine, telle qu'est la généralité des trois cent cinquante-cinq hectares que possède la terre de Villelaure et Janson, bien cultivée et bien fumée, rend une charge de blé (1), et, après le blé, une demi-charge de haricots; la seconde année, sans fumier et avec une culture très-légère, deux quintaux de chardon. On la sème ensuite en garance et elle donne, la troisième année, de six à sept quintaux de garance. On recommence ensuite à semer le blé sur le guéret de garance après un labour superficiel :

Les produits de ces cinq années sont :

Une charge de blé, prix moyen, on ne compte pas
   la paille.. Fr. 40
Une demi-charge de haricots.......................... 20
Deux quintaux de chardons, à 45 fr. (on les a payés
   souvent 60 et 80 fr.)............................... 90   366 fr.
Six quintaux de garance, à 36 fr. les 50 kil......... 216

Sur lesquels on a à fournir :

Pour le blé........ 75 kil. tourteaux.
Et pour la garance.. 225   id.

   Total........ 300 kil. tourteaux.
A 12 fr. le quintal métrique rendu à Villelaure...   36

Produit des cinq années...........................   330 fr.

Dont la moitié est au méger, et supporte tous les frais de culture et rentrage de récoltes, et l'autre moitié, soit 165 francs, appartient au propriétaire, parfaitement nette. En divisant 165 francs par 5, on a pour rente annuelle, par éminée, 33 francs. ce qui porterait l'éminée, en la calculant au denier 25, à plus de 800 francs. Comme avec une dépense de moins de 20,000 francs on peut convertir en terres arrosables les 94 hectares de première qualité, portés à l'article 4 du tableau des contenances, la valeur vénale des 449 hectares qui seraient alors arrosés, à raison de 800 francs l'éminée, monterait seule à 5 millions 747,200 francs. Quelquefois d'heureux hasards donnent des produits bien supérieurs. Ainsi, pendant les années 1845 et 1846, où les pommes de terre se sont vendues 5 francs le quintal, des

______

(1) La charge équivaut à sept doubles décalitres.

particuliers en ont récolté dans une éminée jusqu'à 40 quintaux. Cette seule récolte qu'on obtient sans engrais a payé presque la moitié du prix du fonds.

Pendant les quelques années que M. de Forbin-Janson a fait valoir lui-même la terre de Villelaure, il a introduit sur une échelle assez étendue les cultures qui ont fait la fortune du territoire de Saint-Rémi, dans lequel elles avaient été jusque-là circonscrites : celle du palma-christi, qui produit l'huile de ricin; celle du raifort, de la navette et de l'oignon, tous les trois pour graines. Le succès a été complet. Les plantes de palma-christi s'élevaient à plus de deux mètres et demi de haut. Malgré la réussite, on n'a pas continué ce genre de culture, parce que les soins qu'il exige sont peu compatibles avec une vaste exploitation rurale ; mais si la population du territoire augmente, si le morcellement des terres y appelle de nouveaux habitants, nul doute que ces cultures variées, qui se rapprochent du jardinage, ne développent une nouvelle source de profits pour ceux qui s'y livreront et pour le pays tout entier. On peut même prévoir avec certitude qu'avec l'accroissement continuel de Marseille, la vallée de la Durance, comprenant les territoires de Pertuis, Villelaure et Cadenet, est appelée à devenir le jardin potager de Marseille, et à supplanter, à cet égard, Cavaillon, qui en est plus éloigné de cinq lieues de Provence (1).

Partie industrielle.

Cette notice serait incomplète si on n'y faisait pas mention de l'utilité qu'on peut retirer des immenses bâtiments jadis consacrés à une sucrerie indigène. Une petite partie des bâtiments accessoires est affectée au logement de deux mégers; une autre, plus considérable, sert de magasin pour les récoltes de blé, de chardons et de garance; mais ce qui reste d'inoccupé suffirait à plusieurs établissements industriels, sur la plus grande échelle.

(1) Parmi les richesses de la propriété, on doit mentionner des carrières de pierres de taille de plusieurs qualités, d'autres de pierres à chaux et des bancs de l'argile la plus pure, propres à tuile, poterie et même à la plus belle porcelaine, comme le prouvent les échantillons qu'on a fabriqués avec cette terre.

Le bâtiment principal, qui est isolé et entièrement vacant, est élevé de cinq étages, a vingt fenêtres de face à chaque étage, et deux grandes ailes. Une minoterie, une huilerie ou une manufacture de draps y seraient d'autant mieux établies qu'on y jouirait, à volonté, d'une chute d'eau de la force de cent chevaux, qu'il y a des fontaines d'eau de source très-abondantes, une cour intérieure de près de deux hectares, et qu'une très-belle maison de maître, bien distribuée, avec cave, écurie, remise et jardin contigu, en est une dépendance, ainsi que des logements pour quinze ou vingt ménages et deux ou trois cents ouvriers, des ateliers pour plusieurs corps d'état, tels que forgeron, charron, menuisier, une balance à bascule pour charrettes, etc., etc. Dans les bâtiments extérieurs, on peut, sans nuire aux services déjà établis, monter une magnanerie pour quatre ou cinq cents onces de vers à soie, et une filature de deux à trois cents tours. Elles y seraient d'autant mieux placées que toute la vallée de la Durance est couverte de mûriers, et qu'on serait au centre de la matière première.

Ferme régionale.

CRÉATION DE PRAIRIES ARROSABLES.

Notre projet se divise en deux parties : la ferme régionale et la colonie agricole. Les détails qui précèdent, un peu minutieux sans doute, étaient nécessaires en ce qu'ils donnent la description exacte du sol, l'exposé des diverses cultures qu'il comporte, ainsi que l'état des constructions et du matériel. La question d'irrigation joue ici un rôle important et sera traitée plus au long dans la deuxième partie avec celle de l'endiguement.

D'après l'aveu de M. le ministre de l'agriculture, deux fermes régionales seulement vont être créées ; l'une dans le centre et l'autre dans le midi. Les notes qui précèdent expliquent la position de la terre de Villelaure-Janson ; trois départements confinent ce domaine : Vaucluse, les Basses-

Alpes et les Bouches-du-Rhône ; deux autres en sont
très-rapprochés : le Var et le Gard. Toutes les cultures du
Midi y atteignent le plus haut degré de perfection ; car tout
concourt à favoriser leur développement : le ciel, la terre,
l'eau. Le climat est doux et tempéré, le terrain est à la fois
léger et substantiel, les voies d'irrigation abondent. M. le ministre a déjà compris tous les trésors d'exploitation et d'enseignement pratique qui résultent de tant d'avantages réunis
en un seul lieu. Il a compris qu'une ferme régionale dans le
midi ne pouvait être plus heureusement située et répandre
ses bienfaits dans de plus précieuses conditions. Qu'il per-
mette à un des plus obscurs adeptes de la science agricole de
soumettre à sa haute expérience quelques détails sur le
mode particulier d'enseignement et d'exploitation que réclament les contrées du midi de la France.

Sur les bords de la Durance particulièrement, la culture
de graines est trop exclusivement adoptée au détriment des
prairies, qui sont appelées à créer la fortune agricole d'une
partie du midi grâce aux canaux d'irrigation qui existent déjà
et à ceux que l'on pourrait creuser encore. Les terres qui
avoisinent cette rivière devraient se couvrir de prairies. Ce
mode d'exploitation se distingue par son économie qui ne
comporte ni surveillance ni culture. Au bout de dix ans on
pourrait alors se livrer dans cette contrée à l'éducation des
bêtes à cornes. Le mouton est la seule viande que mangent
les habitants ; elle y atteint, il est vrai, un haut degré de saveur ; mais la race bovine n'y existe pas et la chair de bœuf qui
est livrée à la consommation est celle d'animaux qui ont
vieilli au service des agriculteurs. La culture de la garance
n'offre plus aujourd'hui les mêmes avantages que par le
passé ; son prix va toujours en diminuant, et elle doit
avoir moins d'importance à l'avenir dans notre économie
agricole. La culture du mûrier avec ce système d'exploitation fourragère ne perdra rien de sa valeur ; car le mûrier
réussit admirablement dans les prés lorsqu'il est planté
au cœur même du gazon, et mieux encore lorsqu'on le plante
dans une bande de terre cultivée laissée dans ce but autour

de la prairie (1). Lorsque ces vastes plaines d'alluvion qui bordent la rivière seront émaillées de prairies, et que l'éducation des bêtes à cornes pourra s'y faire sur une vaste échelle, celle de la race bovine surtout, les habitants pourront approvisionner de bœufs les marchés de Marseille, d'Aix, de Nîmes, et les grands centres de population comme les plus petites villes.

Les bœufs de Camargue et tous ceux qui se consomment dans le Midi ont une viande coriace et sans saveur ; dans toutes les petites villes, on ne mange de la viande de bœuf qu'à de très-rares intervalles. Les foins de Camargue croissent dans des terres marécageuses et ne profitent pas aux animaux qui s'en nourrissent. Les foins des bords de la Durance, arrosés par ses eaux, qui déposent toujours un limon fécondant et léger, sont au contraire très-savoureux et très-nourrissants. Il faut donc abandonner la culture des plantes de graines, renoncer à tous les systèmes de routine et entrer dans une voie nouvelle, la création de prairies arrosables et l'éducation des bêtes à cornes. Les engrais les meilleurs et les plus abondants sont le produit naturel et nécessaire de cette condition de culture. Qui ne reconnaît tout le mérite de cette nouvelle méthode comparée à l'ancienne, tous les avantages qu'elle offre au commerce et tous les débouchés qu'elle crée ? C'est dans le domaine de Villelaure que la création des prairies doit être surtout mise en usage, et si son propriétaire ne l'avait pas fait jusqu'ici, c'est que les cultures qu'il avait adoptées étaient faites en vue de diverses industries agricoles. Que les améliorations dont nous signalons l'importance soient introduites dans ce pays, et sa prospérité est assurée dans l'avenir.

Des grands moyens d'irrigation naissent de vastes prairies ; des prairies résulte l'éducation des bêtes à cornes, et de l'éducation des bêtes à cornes d'abondants engrais. Ce système est à la fois le plus simple et le plus productif. Il répond aux

---

(1) Lorsque ces prairies seront créées, on pourrait mettre en garnison à Villelaure un régiment de cavalerie, d'autant plus qu'il n'en existe pas pour ainsi dire dans le Midi, où le fourrage est très-rare et très-cher.

principaux besoins des populations, il ouvre des voies sûres au commerce, il tourne à l'avantage des terrains réservés à l'horticulture ou à d'autres exploitations, il est la base et le principe de l'économie agricole la plus large et la plus utile, enfin il constitue le fondement le plus certain de la richesse territoriale d'un pays.

Silviculture.

REBOISEMENT DES MONTAGNES.

Nous sommes de ceux qui croient, d'après l'expérience que donnent les faits, que la diminution des forêts a produit les résultats suivants :

Le desséchement des sources ;

L'appauvrissement et la dégradation des terrains en pente par les pluies ;

L'envahissement des terres cultivées par les eaux torrentielles ;

Les sécheresses fréquentes et prolongées ;

Les pluies plus durables et plus inégalement réparties ;

Les orages plus multipliés et plus intenses ;

L'encombrement du lit des rivières et les inondations plus souvent répétées et plus désastreuses ;

L'impétuosité plus grande des vents ;

Le dérangement des saisons, etc., etc.;

La mortalité des oliviers dans le midi de la France.

Les faits abondent pour prouver ce que nous avançons, et nous ne sommes pas les seuls que les observations nées de l'expérience aient convaincus. Oui, ces faits sont véritables, mais combien ne sont-ils pas plus sensibles dans le Midi? La chaleur naturelle au climat des contrées méridionales les fait bien plus vivement ressortir. Là les sources les plus abondantes tarissent, en partie, dans l'été; les vents sont bien plus impétueux, et les pluies bien plus rares depuis que les montagnes sont privées de forêts. Les chaleurs qui régnent en Provence pendant l'été sont maintenant intolérables ; les récoltes sont extrêmement chanceuses, faute de pluies. Bientôt on sera obligé de renoncer à la culture des pommes de terre et du sainfoin dans les terrains qui ne sont pas arrosables. Dix ans consécutifs ne s'écoulent pas sans qu'on voie la mortalité des oliviers, et la récolte de l'huile, si précieuse et si estimée de nos pères, va chaque jour diminuant ses produits, et ne sera bientôt plus qu'un souvenir du passé. C'est qu'aucun pays n'a plus été en proie à la destruction des forêts que les montagnes de la haute Provence. Dans ce pays l'industrie est venue ajouter au mal qu'avaient commencé les spéculations privées et une passion aveugle de défrichements. Nos pères ont entendu raconter à des vieillards centenaires que jamais ils n'avaient vu mourir l'olivier en Provence (1). Ils racontaient que, dans cette contrée, un été ne se passait jamais sans que l'on vît tomber des pluies abondantes à d'assez fréquents intervalles. Les montagnes de la haute Provence portent, en général, peu de terre végétale, et si le remède n'est pas sur-le-champ apporté au mal, le reboisement deviendra bientôt impossible. Maintenant dans cette partie de la France l'été s'écoule sans pluie, et quand arrivent les mois de septembre et d'octobre, de terribles orages éclatent et font des ravages considérables. Là, le dérangement des saisons est frappant, et notre pays, dont le climat était si vanté autrefois, ne sera bientôt cité que par les irrégularités de sa température.

De ces diverses considérations il résulte que nous devons modérer les défrichements et hâter le reboisement de nos montagnes. Au lieu de défricher des champs arides et improductifs, des steppes où aucune puissante végétation ne peut se développer, nous devons les peupler d'arbres qui vont chercher leur nourriture à une grande profondeur dans le sous-sol et dans les fentes des rochers. Un nouveau mo-

(1) Les villes de cinq à six mille âmes qui possédaient, il y a soixante ans, 7, 8, 9, 10, 11, 12 moulins à huile, n'en possèdent qu'un ou deux à présent.

tif qui plaide en faveur du reboisement, c'est la rareté et le
prix du bois dans notre pays ; chaque jour il devient plus
rare et plus cher, surtout depuis que des hauts-fourneaux
sont venus s'ajouter aux fabriques de poteries et aux diverses industries que nous possédions déjà. Si notre contrée
était pourvue de combustible minéral comme le bassin de la
Loire, le mal serait moins grand sans doute ; mais elle est
privée de houillères, et dans l'intérêt de l'industrie et de la
consommation privée, nous devons nous hâter de procéder
à la restauration de notre sol forestier.

Arboriculture fruitière.

L'arboriculture fruitière, cette partie si essentielle de l'é-
conomie rurale, est complétement négligée dans le midi. La
science de la taille des arbres fruitiers y est tout à fait ignorée.
Plantés au hasard et sans choix au milieu de terrains de n'im-
porte quelle nature, leurs fruits, presque toujours attaqués
par le ver, n'atteignent pas la grosseur, la beauté de forme et
la saveur que donne la bonne culture. La plantation et la taille
en espalier surtout se pratiquent à peine dans la plupart des
contrées méridionales de la France. — La culture de la vigne
est fort mal entendue. Les ceps ne sont pas soutenus et
traînent sur le sol ; les raisins en contact avec la terre pour-
rissent en grande partie. On n'a pas le soin en général de
faire la cueillette des feuilles qui masquent les fruits, méthode qui a le double avantage de procurer une bonne nourriture pour les bestiaux, et de découvrir le raisin aux rayons
du soleil pour l'amener promptement à une maturité par-
faite. La négligence des méridionaux pour l'arboriculture
fruitière est proverbiale, et pourtant quelle supériorité les
fruits de ces contrées n'atteindraient-ils pas sur les fruits
du nord, si une habile direction présidait à l'éducation des
arbres? On peut juger, par la beauté et la saveur des fruits
du nord, de la perfection que ceux du midi pourraient ob-

tenir. Enfin dans la plupart des contrées méridionales l'arboriculture fruitière, cette branche si importante de l'économie rurale, est tout à fait ignorée, et l'éducation agricole peut, sous un climat aussi propice, l'amener au plus haut degré de perfectionnement.

Sériciculture.

Le climat de la Provence est celui qui convient le mieux à la culture du mûrier et à l'éducation des *magnans*, mais quoique la science du magnanier y soit très-répandue et très-avancée, elle est loin d'y avoir atteint son plus haut degré de perfection. La culture du mûrier lui-même laisse beaucoup à désirer. La taille de cet arbre et la récolte de ses feuilles se font en général sans art et à son grand détriment, c'est ce qui fait que dans les terrains secs surtout il n'atteint pas une grande longévité. Le mûrier nain, à la plantation duquel on semble vouloir renoncer à cause de son peu de durée et qui offre de si grands avantages pour la récolte et la provision de ses feuilles à l'approche des orages, demande un mode particulier d'entretien et de culture.

L'art séricicole attend beaucoup encore des efforts du progrès (1). La construction et la forme des ateliers, leur distribution intérieure, le mode de ventilation, de chauffage et de nourriture, le système de claies, les procédés de mise en bruyère et de délitement réclament encore les bienfaits de l'éducation.

L'art séricicole, à lui seul, rend nécessaires les écoles professionelles agricoles pour les femmes ; c'est à elles dans le midi de la France que sont réservés tous les soins et tous les détails de cette industrie rurale. En temps ordinaire elles

(1) Le Conseil général du département de Vaucluse (session de 1847) émet le vœu que l'on continue les études qui ont été entreprises sur les maladies qui atteignent très-souvent les vers à soie, les oliviers, les céréales, etc., etc.

accompagnent leurs maris aux champs et prennent une part importante à la plupart des travaux agricoles; mais ici le principal rôle leur est dévolu, et ce rôle est trop important, des intérêts trop considérables s'y rattachent pour que la science, simplifiée et mise à la portée de leur intelligence, ne vienne pas au secours de leur industrie, quand de cette industrie dépend souvent l'existence d'une famille pendant toute une année.

Une école professionnelle de femmes nous semble donc indispensable, et nous applaudissons à la pensée de M. Joigneaux, qui réclamait avec raison ce genre d'institution dans son discours à l'Assemblée nationale. (Séance du 23 septembre.) Ce genre d'école, utile selon nous sur tous les points de la République, est urgent et indispensable dans le midi de la France.

Si nous ne nous sommes pas trompé dans les différentes considérations que nous venons de présenter, et qui toutes sont basées sur les mœurs, les habitudes, le climat et les nécessités de nos contrées méridionales, il en ressort que l'éducation, se conformant à ces diverses exigences, doit se baser sur elles et développer les germes du progrès agricole le plus conforme aux besoins de cette partie de notre territoire. Par la culture des prairies, par le reboisement de nos forêts, par l'étude approfondie de l'art séricicole et de l'arboriculture fruitière, le midi de la France et la Provence en particulier peuvent régénérer leur agriculture, et le travailleur pourra atteindre ce degré de bien-être moral et matériel qui est le cachet de l'intelligence d'une grande nation. Nous avons cherché dans cet exposé succinct quelles sont les causes particulières de la décadence de l'agriculture dans le midi; nous avons cherché aussi, dans les bornes de nos lumières et de notre expérience, quel est le remède qui doit être appliqué au mal, quels sont les moyens de créer les sources de la prospérité future de ces contrées et quels sont enfin les instruments du progrès dont dispose une société aussi éclairée et aussi avancée que la nôtre.

De cet exposé découle la nécessité d'établir une ferme ré-

gionale sur le point le plus favorable de nos contrées méridionales, et ce point nous croyons l'avoir trouvé dans la
terre de Villelaure. Les notes détaillées qui précèdent prouvent jusqu'à l'évidence combien ses produits sont variés et
comment les plantes et les arbres qui sont cultivés dans le
midi de la France pourront servir de thème à toutes les
études expérimentales qu'une ferme régionale comporte.

Endiguement de la Durance entre Villelaure et Janson.

De toutes les entreprises où l'on ne craindra pas d'avancer
de l'argent, avec la certitude d'en retirer plus tard d'immenses bénéfices, il n'en est pas de comparable à celle de
l'endiguement de la Durance entre Villelaure et Janson.

Les principales difficultés qui ont empêché jusqu'ici de se
livrer à des spéculations de ce genre, le long de la Durance,
ont été : l'incertitude des délimitations légales du lit de cette
rivière et par conséquent des deux départements des Bouches-du-Rhône et Vaucluse ; la crainte très-fondée que le
moindre ouvrage exécuté sur une rive ne fût considéré
comme agressif par les propriétaires de l'autre rive et par
l'autorité départementale, toujours prête à venir au secours
de ses administrés. Cette grande et presque insurmontable
difficulté n'existe plus. Le lit de la Durance a été tracé lé-
galement sur le papier, sa largeur fixée et, au-delà du lit
qui lui a été assigné, tous les ouvrages d'art, défensifs et
offensifs, ont été reconnus licites. Ce travail, qui a occupé
dix ans une commission d'ingénieurs en chef de plusieurs
départements, a reçu la sanction définitive du gouvernement. La seconde difficulté est l'obligation de traiter avec
une foule de propriétaires sur l'une et l'autre rive dont la
plupart ne connaissent pas leurs droits. Ailleurs on pourrait voir s'élever des contestations entre l'État, les commu-

nes, les anciens seigneurs et les propriétaires riverains. Ici, au contraire, on n'a pas à redouter des contestations de ce genre. La totalité des îles et graviers de la Durance appartient au même propriétaire ; sur la rive gauche, cette propriété n'est frappée d'aucune servitude ; sur la rive droite, la moitié de la longueur du territoire en est de même exempte. L'autre moitié est grevée d'un droit d'usage en faveur des habitants de Villelaure, qui les autorise à y aller couper du bois et faire pâturer leurs troupeaux, lequel usage a fait désigner ces îles et graviers sous le nom de COMMUNAUX ; mais à cet égard les titres sont inattaquables. Il ne s'agirait donc que de transiger avec la commune pour ce droit de chauffage et pâturage qui, depuis des siècles, est complétement illusoire. La commune trouverait un si grand avantage dans les travaux qui mettraient à l'abri des dévastations de la Durance les terres cultivées sur ses rives, qu'elle abandonnerait, bien volontiers, gratuitement, un droit d'usage de nule valeur à celui qui se chargerait de l'endiguement.

Quant aux obstacles matériels attachés au travail de l'endiguement, des circonstances locales très-heureuses les diminueraient considérablement. Il existe, en tête du territoire de Villelaure, une digue en pierres très-solide construite par le grand-père du propriétaire actuel. Elle a coûté plus de 100,000 fr. et peut être regardée comme un point fixe et inébranlable. Il ne s'agit que d'y rattacher un épi transversal, également en pierres, et de le prolonger jusqu'au point fixé pour le lit de la Durance. Sur la rive opposée, en tête du territoire de Jauson, il existe une digue naturelle formée par d'énormes blocs qu'un torrent très-rapide qui tombe de la montagne entraîne, à chaque orage, dans son cours. C'est encore un point fixe où l'on doit relier un éperon en pierres qui ne laissera entre lui et celui de la rive opposée que l'espace assigné au lit de la rivière. Une fois ces deux grands ouvrages construits en amont, des épis transversaux en graviers, tous les quatre ou cinq cents mètres, garnis d'un musoir en pierres, suffiront pour forcer la rivière à se maintenir dans son lit, et à déposer à chaque inondation, daus les vastes espaces laissés libres à droite et à gauche, les créments qu'elle tient en dissolution dans ses eaux. Au bout de quatre ou cinq ans, ces nouveaux alluvions auront atteint la hauteur des terres de la plaine et seront susceptibles d'être cultivés. Un exemple irrécusable est là, sous les yeux, pour rassurer contre la crainte des déceptions: c'est le territoire de la commune de Lauris, à une lieue en aval de celui de Villelaure. Il y a trente ans que la Durance battait le pied du rocher de ce bourg : par les moyens indiqués ci-dessus la Durance a été repoussée de plus d'une demi-lieue, et un territoire d'une fertilité admirable est sorti du sein des eaux. Depuis vingt ans il est complanté des plus beaux mûriers, se couvre, tous les ans, des plus riches moissons, et le prix courant des terres y est de 500 fr. l'éminée.

Il serait sans doute présomptueux d'assigner d'avance le montant de la dépense que coûterait l'endiguement de la Durance, entre Villelaure et Jauson ; on peut néanmoins être certain qu'en mettant tout au maximum, il ne dépasserait pas 500,000 fr. L'espace compris entre les deux rives, le long des deux territoires, après en avoir défalqué celui que l'on doit consacrer au lit de la Durance, est de plus de 800 hectares. En en retranchant 300 pour les lisières, le long de la Durance, qu'il conviendrait peut-être de laisser en oseraies ou taillis de saules, pour servir de barrière à la rapidité du courant des eaux et faciliter toujours plus les atterrissements, il resterait au moins 500 hectares à conquérir à la culture.

On a vu dans l'exposé des revenus de Villelaure la valeur qu'ont aujourd'hui des terres analogues, et on a sous les yeux celles de Lauris identiquement semblables. Le calcul est facile à faire : 500 hectares, en ne portant qu'à 400 fr. la valeur de l'éminée, représentent 3,200,000 fr. Les 300 hectares complantés en oseraies représenteraient au moins 400,000 fr. Total 3,600,000 fr.

Colonie agricole.

Fonder une colonie agricole à Villelaure serait la chose du monde la plus facile. En faisant un appel aux hommes nécessiteux et de bonne volonté du département, il s'en présenterait, en peu de jours, quatre ou cinq cents, davantage peut-être. Au reste, si les cadres n'étaient pas remplis, on pourrait les compléter avec les ouvriers sans travail dont regorgent les grandes villes les plus voisines, telles que Marseille, Avignon, Nîmes, etc., qui ne demanderaient pas mieux que de venir en ce lieu chercher, en échange de leur labeur, le pain et l'asile dont ils manquent le plus souvent, malgré la bonne volonté qu'ils ont de bien faire.

Ils seraient tous, sans exception, logés, pendant toute la durée des travaux, dans les vastes bâtiments dépendant de la propriété de Villelaure qui ne servent à rien en ce moment. Une solde de 1 f. 50 par jour leur serait allouée ; toutefois cette allocation ne leur serait point donnée en espèces ; afin de les mettre à l'abri des entraînements de la débauche, mais on aurait soin de la leur répartir, ainsi qu'aux gardes mobiles, par exemple, en leur procurant une excellente nourriture, des vêtements convenables et un asile assuré contre les intempéries de la saison.

Voici comment il faudrait procéder à la distribution de la solde pour qu'ils ne pussent en aucun cas manquer du nécessaire.

Sur 1 fr. 50 c. par jour il faudrait qu'ils versassent à l'ordinaire, pour leur nourriture, chauffage, blanchissage, éclairage, etc............ » 80 c.

Argent en espèces... » 35

Restant à la masse pour habillements et outils.................... » 35

Total................ 1 50 c.

Il est pour nous de toute évidence que dans ce pays où le vin est à très-bas prix, on pourrait avec 80 centimes leur procurer une nourriture saine et abondante, qui les rendrait capables de supporter, sans porter atteinte à leur santé, les rudes travaux qui leur seraient confiés. Un travailleur, à raison de 1 fr. 50 c. par jour, coûterait au gouvernement 547 fr. 50 c. par an; mais comme selon nous cet endiguement serait terminé en six mois environ, ce serait donc 278 fr. 70 c. que coûterait chaque ouvrier. En supposant qu'il en fût employé mille, ceci n'est qu'une supposition, car d'après nos calculs six cents ouvriers pourraient exécuter ces travaux dans l'espace de six mois, le gouvernement aurait donc à faire un déboursé de 278,750 fr. sans compter le coût de transport des matériaux nécessaires, tels que pierres, chaux, etc., etc., matériaux qui du reste seraient tous extraits des carrières appartenant à la propriété de Villelaure. Nous n'avons point compris non plus dans ce chiffre de 278, 750 fr. les frais d'administration. Nous pouvons dire cependant, sans craindre de beaucoup nous tromper, d'après l'avis d'une commission d'ingénieurs habiles, convoqués à cet effet, que le prix total de cette entreprise serait environ de 500,000 fr. En prenant ce qui précède pour base, nous osons affirmer que le gouvernement qui l'exécuterait se rendrait possesseur, dans un espace de temps très-limité, à peu de frais et sans nuire à personne, de huit cents hectares d'excellent terrain, dont le prix peut être évalué à près de 4 millions. Comme le prix des journées est très-élevé dans ce pays et qu'il serait très-difficile, sinon impossible de trouver des ouvriers, surtout dans la belle saison, à raison de 1 fr. 50 c. par jour, il faudrait les encourager en cédant à chaque travailleur qui aurait pris part à cette œuvre, pendant tout le temps de sa durée, deux éminées du terrain conquis sur les alluvions de la Durance; alors non-seulement les ouvriers s'y rendraient en grand nombre, mais l'espoir de posséder une petite propriété leur donnerait une émulation et une activité que l'on chercherait vainement chez de simples salariés, et qui leur ferait exécuter avec une prodigieuse vitesse cette digue, dans la crainte qu'ils auraient d'être surpris par une crue d'eau et de perdre en un jour le fruit d'un long travail.

Pour ce qui concerne l'administration et la direction

des travaux, nous pensons qu'un ingénieur habile chargé de la surveillance générale, un comptable, cinq conducteurs de première classe, dix de deuxième et vingt piqueurs suffiraient. (Les piqueurs devraient, s'il était possible, être recrutés parmi les anciens sous-officiers ne faisant plus partie de l'armée.)

On n'aurait point à craindre qu'une pareille agglomération d'hommes pût amener la moindre collision, ni le moindre trouble dans ce pays, attendu qu'il se trouve éloigné de tout grand centre de population, et que ces travailleurs honnêtes se trouveraient à l'abri des influences pernicieuses de ceux qui, poussés par de mauvaises passions, voudraient tenter de semer dans leurs rangs la zizanie et le désordre.

L'État acquéreur du domaine de Villelaure et de Janson.

CONCLUSION.

La nécessité de l'établissement d'une ferme régionale à Villelaure, outre les considérations qui précèdent, a encore pour fondements les raisons suivantes :

1° Nos contrées méridionales ont constamment été privées de fermes modèles et d'écoles d'agriculture.

2° Il a toujours été impossible de donner aucun essor à l'agriculture dans notre pays, parce que les écoles du nord n'ont jamais produit que des élèves ignorant les cultures les plus convenables à nos contrées.

3° Nos pays sont privés d'industrie et ne sont peuplés que par des agriculteurs.

4° Enfin ces mêmes contrées sont susceptibles au point de vue agricole de subir des améliorations d'autant plus grandes qu'elles sont admirablement disposées pour l'agriculture la plus progressive et la plus variée.

La nécessité d'une colonie agricole sur les bords de la Durance se fait également sentir, si l'on considère tous les avantages que l'État doit retirer d'une pareille entreprise dans l'avenir, et du soulagement présent qu'elle peut apporter aux classes laborieuses et souffrantes.

Parlons maintenant de la facilité qu'a l'État de faire l'acquisition de tout ou partie de la propriété de Villelaure. M. de Forbin-Janson, on l'a vu par ce qui précède, avait établi à Villelaure une fabrique de sucre de betterave; on a pu juger des motifs qui avaient rendu le succès de cette immense entreprise impossible. Plus tard M. de Forbin-Janson avait établi à Marseille une raffinerie de sucre sur la plus vaste échelle. Cette seconde conception industrielle a eu le même sort que la première. Nous devons rendre hommage ici à tout ce que M. de Janson a tenté de grand en faveur de l'industrie, de noble et de généreux en faveur du travail; mais en matière d'industrie les grandes idées amènent souvent la chute de celui qui les conçoit. M. de Janson est aujourd'hui en faillite et l'État est son créancier pour une somme de plus d'un million.

Cette somme est due par M. de Forbin-Janson à la douane de Marseille; il en résulte que l'État pourrait, avec plus de facilité acheter le domaine de Villelaure, et adopter le plan que nous lui proposons, sauf à y apporter les modifications qu'il jugerait convenables.

Nous l'avons dit, M. le ministre de l'agriculture ne peut établir pour le moment que deux fermes régionales : une dans le midi et une dans le centre; mais son intention est de louer les terrains destinés à leur emplacement. Nous pensons que l'État ferait mieux d'acheter ces terrains que de les louer. Il est évident que, dans peu d'années les loyers équivaudraient au prix d'achat, et nous croyons mauvaise l'économie qui a fait naître cette pensée. En principe, nous croyons que l'État ne doit jamais se rendre locataire, quelle que soit la destination des établissements qu'il fonde. Si les hôpitaux militaires de la rue de Charonne et de Saint-Denis n'existent plus, cela vient de ce qu'ils n'appartenaient pas à l'Etat, et leur suppression doit être attribuée en très-grande partie à la cherté onéreuse du loyer. L'Etat a donc selon nous une de ces deux choses à faire : acheter la propriété de Villelaure en entier, après s'être réservé les terrains et les bâtiments nécessaires à l'établissement d'une ferme régionale, et vendre ou disposer à son gré des autres terres, ou acheter seulement ce que cet établissement rend utile et indispensable.

Nous croyons que ce que le gouvernement aurait de mieux à faire, ce serait d'acheter la propriété entière, et, après y avoir créé un vaste système d'irrigation, qui serait encore une source féconde de travail pour les classes pauvres et de prospérité pour ce pays, de revendre plus tard tous les terrains qui lui seraient inutiles en même temps que ceux qu'il acquerrerait par l'endiguement de la Durance entre Villelaure et Janson.

Quand l'irrigation aurait aidé dans ces contrées la création des prairies, et qu'elles seraient en plein rapport, le gouvernement pourrait faire une vaste caserne de cavalerie des bâtiments dont on n'aurait pu trouver l'emploi. On sait que la rareté et la cherté des fourrages rendent les casernements de cavalerie presque impossibles dans cette partie du midi.

On voit que dans notre projet tout se lie et se coordonne : colonie agricole, endiguement, irrigation, établissement agricole, etc., etc. M. le ministre verra dans sa sagesse s'il doit adopter notre projet en entier ou en partie, ou enfin s'il doit lui faire subir certaines modifications.

Il est une objection que l'on pourrait nous faire, et que nous ne voulons pas passer sous silence. On a souvent parlé du danger qui existe à concentrer un grand nombre de travailleurs sur un même point. Nous croyons en effet qu'il peut y avoir péril à rassembler dans un même lieu des milliers d'ouvriers dans de grands centres de population, tels que Paris, Lyon, etc.; mais ici le péril ne saurait exister, car outre que le nombre des travailleurs est bien limité dans notre projet, la surveillance est bien plus facile et les occasions de désordre bien plus rares dans les champs voisins de petites localités, que dans les grandes villes.

En se bornant à acheter les parties de ce domaine qui sont nécessaires à l'exécution de notre double projet, l'Etat compense une créance contre une propriété qui fera plus que doubler son capital. Cela faisant, il rendra un service signalé à l'agriculture par une instruction théorique et pratique, par l'établissement d'une ferme régionale. Il viendra en aide aux pauvres journaliers des campagnes, en créant une source honnête et sérieuse de travail, par l'établissement d'une colonie agricole.

Il serait impossible de trouver dans la France entière une position plus favorable que celle qu'offre la terre de Villelaure; là toutes les conditions de succès se trouvent réunies pour des entreprises du genre de celle que nous signalons au gouvernement. La position particulière de l'Etat vis-à-vis du propriétaire de ce beau domaine ne doit laisser aucun doute sur les avantages comme sur l'opportunité de son acquisition.

Nous avons quelques raisons de croire que M. le ministre de l'agriculture est tout disposé à donner suite au premier des deux projets qui ont fait la matière de ce mémoire. Peut-il hésiter devant le second? nous ne le pensons pas. Sans doute on aura fait beaucoup quand on aura commencé par l'instruction professionnelle agricole l'éducation des habitants de la campagne. Mais ne fera-t-on rien pour secourir ses pauvres? Le travail honnête, qui conduit aux avantages de la propriété, est le but le plus noble et le plus humain vers lequel un gouvernement démocratique puisse les conduire. Les égoïstes de ce monde, ceux qui veulent que l'œuvre de Dieu soit la part de quelques privilégiés, ceux enfin qui se constituent les dieux termes de la propriété et du progrès, ont vu dans des projets analogues une nouveauté effrayante, un danger pour le pays. Nous y

voyons, nous, l'origine morale du bien-être qu'un gouvernement, qui a pris pour devise : Liberté, Egalité, Fraternité, doit chercher à procurer à tous ceux qui combattront
pour ces mots sous l'égide de l'ordre et du travail.